LA FRANCE PEUT

QUAND ELLE LE VOUDRA

PRODUIRE CHEZ ELLE

TOUS

LES CHEVAUX QUI LUI MANQUENT.

PAR CH. TEXIER,

VÉTÉRINAIRE A PARIS.

Travail lu à la Société de Médecine vétérinaire et comparée du département de la Seine, dans sa Séance du 23 Janvier 1847.

PARIS,

IMPRIMERIE DE A. GUYOT, IMPRIMEUR DU ROI,

Rue Neuve-des-Mathurins, 18.

1847.

LA FRANCE PEUT

QUAND ELLE LE VOUDRA

PRODUIRE CHEZ ELLE

TOUS

LES CHEVAUX QUI LUI MANQUENT.

—⋅⋅⋅—

La France manque-t-elle de Chevaux ?

Peut-elle, sans sortir de son territoire, créer ce qui lui manque ?

Comment le peut-elle ?

Telles sont les trois graves questions que je me propose de traiter dans cet opuscule.

Depuis plusieurs années, qui n'a pas dit son mot sur le cheval? Mais l'abondance des brochures, qui n'a été égalée que par la stérilité des idées, n'a point fait faire un pas à l'industrie chevaline: nous sommes aujourd'hui aussi riches, c'est-à-dire aussi pauvres qu'hier. Nous allons toujours tendre la main à l'étranger, qui puise largement au fond de nos bourses ; nous sommes toujours dans une situation tellement déplorable, que, si l'Allemagne nous fer-

1.

mait ses portes, le poids de nos sacoches ne mettrait pas un cheval de plus dans nos écuries.

L'industrie chevaline en France est une question capitale. Elle n'a pas les proportions restreintes d'une spéculation toute commerciale, qui se borne à deux ou trois localités ; c'est une industrie nationale et qui comporte un haut problème d'économie politique. La fabrication du cheval se lie si intimement à l'agriculture, à ce qui est à la fois la force, l'indépendance, mieux que cela même, la vie d'une nation, qu'elle est pour ainsi dire comme la pierre angulaire de tout commerce agricole; et, si j'osais me servir d'expressions bien connues, je dirais que, sans industrie chevaline, il n'est vraiment pas de bonne agriculture en France.

On voit, par ces quelques mots, combien je diffère de tous ceux qui, dans leur préoccupation trop exclusive pour le cheval de tel ou tel service, sont venus demander la création d'une espèce déterminée. Comme si, dans ce grand ensemble de fabrication agricole, quelques vides pouvaient se combler à commandement et sans un concours persévérant, harmonique, ininterrompu de tous les intérêts à la fois, dont les tendances, toujours diverses, souvent opposées, doivent cependant converger vers un même but: l'intérêt général.

Je n'ai pas l'intention de venir proposer un système d'élevage d'une conception bien savante, bien

originale. Je viens seulement, en praticien qui a vu
de ses yeux et fait par lui-même, rassembler, faire
un corps de mes idées sur l'élevage du cheval, les
soumettre au public que ce point capital de haute
économie intéresse, afin qu'il les juge, et que la cri-
tique dont elles pourront être honorées, en signalant,
d'une part, tout ce qu'il y a de bon à suivre, et de
l'autre, tout ce qu'il est sage d'éviter, leur donne
une force, une autorité que je n'aurais pu leur donner
moi-même.

En commençant, je me suis posé trois questions
dont la solution, à mon avis du moins, contient tout
le secret de l'industrie chevaline. J'examinerai donc
chacune d'elles avec toute l'attention qu'elle mérite,
en insistant sur tout ce qui me paraîtra de première
importance; je laisserai de côté tout ce qui ne serait
pour mon sujet que d'un intérêt secondaire.

La France manque-t-elle de chevaux ?

C'est bien ici le cas de dire: Hippocrate dit *oui* et
Gallien dit *non*. Quant à moi, qui ne suis ni inféodé
à celui-ci, ni marié à celui-là, j'ai la conviction ré-
fléchie, profonde, que nous n'avons pas tous les chevaux dont nous avons besoin.

Toutefois, entendons-nous bien avant de passer
outre : il n'est point ici question de chevaux de gros
trait; nous sommes, au contraire, à cet égard, dans

une situation on ne peut plus prospère : ce n'est pas sans raison que nos voisins nous envient nos belles races de chevaux de gros trait.

L'industrie privée, dans la fabrication du cheval de trait, quand elle a toute sa liberté d'action, fait réellement merveille. Si un nouveau genre de besoins, exigeant des chevaux un mode spécial de service et une conformation concordante, vient à surgir, on la voit de suite à l'œuvre, et en même temps elle crée les chevaux d'omnibus comme elle a produit et façonné les chevaux de roulage rapide et de fort charroi dans nos belles races percheronnes et boulonnaises.

Laissons donc les chevaux de gros trait, qui ne sont point en cause, et, ne nous occupant que du cheval d'attelage léger, disons, disons sans cesse : *il n'est que trop vrai que la France manque de chevaux !*

Oui, nous manquons de chevaux, et toutes les dénégations des hommes de pure théorie, quelque habiles et pressantes qu'elles paraissent, ne valent pas une preuve. Qu'on les groupe, qu'on les réunisse en faisceau, il n'en sortira pas un fait rigoureux. Libre à eux de fermer les yeux à l'évidence ; les pires aveugles sont ceux qui ne veulent pas voir ; je ne parle donc point pour ceux qui voudraient que la lumière restât sous le boisseau, qui craignent que la vérité ne finisse par darder quelques rayons à travers l'obscurité; je ne m'adresse qu'aux cœurs patriotes, qui mettent le bien général avant leur intérêt particulier.

Discutons sérieusement, non sur des hypothèses, mais sur des faits, sortes de chiffres intraitables qui se prêtent peu aux interprétations de commande.

Voyons d'abord nos échanges internationaux.

Si nous recevons plus que nous ne donnons nous-mêmes, c'est à coup sûr que nous n'avons pas chez nous tout ce qu'il nous faut.

Il résulte de documens officiels fournis par l'Administration des Douanes, que l'importation est en moyenne, et en temps de paix, de vingt-huit mille quatre cent quatre-vingt-six chevaux, tandis que l'exportation n'est que de six mille deux cent trente-neuf. C'est donc VINGT-DEUX MILLE DEUX CENT QUARANTE-SEPT CHEVAUX, balance faite, que nous recevons *annuellement* de l'étranger.

Et si vous portez, l'un dans l'autre, ces vingt-deux mille deux cent quarante-sept chevaux au prix moyen de la Guerre, c'est-à-dire à sept ou huit cents francs, vous aurez la somme assez importante de *seize à dix-huit millions* qui sort de la poche des contribuables.

Mais ces documens ne sont qu'un à peu près fort éloigné de la vérité ; c'est le profil de ce qui est et non la face tout entière. Je ne sais comment les chevaux étrangers entrent en France ; j'ignore si la contrebande leur met des ailes ; mais, ce que je sais bien, c'est que tous nos chevaux d'attelage léger sont des chevaux étrangers; c'est que la Garde Municipale, la Gendarmerie n'en ont pas d'autres; c'est que nos grands marchés en regorgent. Il y en a partout. Nos vingt-deux mille deux cent quarante-sept chevaux importés, d'après la Douane, ne sont donc que l'appoint dans la balance. C'est le chiffre significatif auquel il manque le zéro, peut-être, qui franchit malgré nous le cordon de nos frontières.

Dans nos appréciations, nous portons à sept ou huit cents francs le prix individuel des chevaux importés; mais, combien de chevaux du Mecklembourg, du Holstein, sont payés douze, quinze cents francs et plus! Combien de chevaux anglais, destinés aux attelages de luxe, dépassent deux, trois et même quatre mille francs! Et alors, si l'on prend le chiffre réel de nos importations et le prix exact de chaque animal, que deviennent nos seize ou dix-huit millions? En passant de ces évaluations trompeuses à nos approximations, qui ont d'autres bases que les relevés de la Douane, ils s'arrondissent comme la boule de neige, et toujours pour le plus grand soulagement de nos coffres.

Si l'on envisage la marche progressive de nos besoins, et la réaction intime de ceux-ci sur les moyens de les satisfaire, il sera facile de prévoir que le chiffre des importations, loin de diminuer, ne peut que s'accroître. Quand l'industrie a pris une certaine direction, on ne la déplace pas facilement et en un jour; aussi, plus nous irons, plus nous nous adresserons au dehors, et, comme nous venons de le faire pressentir, il est dans la nature des choses elles-mêmes, qu'il en soit ainsi, attendu que la fabrication du cheval, comme celle d'une denrée quelconque, est d'autant plus active et à meilleur compte, que le débit du produit de fabrication est plus rapide et plus certain. Or, comment ferions-nous, nous qui manquons du nécessaire, pour lutter avec des voisins qui regorgent? Ils feraient mieux, et à meilleur marché que nous; y aurait-il une concurrence possible?

Nous sommes donc en face d'une situation bien grave; il y a vraiment péril en la demeure, et cela n'est surtout que trop vrai, si l'on se représente quels pourront être les besoins de notre armée au moindre cri de guerre.

L'Administration des Haras, qu'on doit toujours faire intervenir quand il est question de chevaux, doit à juste titre s'alarmer d'un tel état de choses. Quels que soient, du reste, ses excellentes intentions et son bon vouloir, c'est elle qu'on injurie, qu'on accable de reproches chaque fois qu'une circonstance grave vient relever toute l'étendue de nos misères. On l'accuse, à tort ou à raison, de tout le mal qui existe; que peut-elle répondre? Quand le danger gronde, on lui demande des chevaux et non des raisons; des moyens de défense et non le triste bilan de nos affaires. C'est donc lui rendre service, ce me semble, que de l'avertir qu'il est urgent d'aviser aux moyens de nous passer de ceux qui, d'un moment à l'autre, peuvent devenir nos ennemis.

Ainsi, pour tout homme sérieux, pratique, impartial, et mettant son pays au-dessus de toutes choses, le manque de chevaux d'attelage léger en France est aussi indéniable que la lumière du jour. Ce n'est pas seulement de la certitude, c'est de l'évidence, pour ainsi dire, palpable. On ne la discute pas, on l'accepte en honnête homme ou on la nie dans des intentions coupables.

J'arrive à la seconde question.

La France peut-elle, sans sortir de son territoire, créer les chevaux qui lui manquent?

Sur ce point, nous sommes forcément, et quand même, tous d'accord ; et cela se conçoit sans peine ; d'abord, tous ceux qui prétendent que nous ne manquons pas de chevaux, résolvent nécessairement ma seconde question par l'affimative; et, d'un autre côté, ceux qui déplorent la pénurie du cheval d'attelage léger, ne la déplorent précisément que parce que, selon eux, la France est on ne peut plus heureusement douée de tout ce qu'on peut demander pour l'élevage du cheval.

Je n'ai donc pas à m'occuper davantage de ce second point ; mes paroles ne seraient que des coups d'épée dans le vide, puisque je n'ai aucun adversaire à combattre.

Vient maintenant la troisième et dernière partie de mon écrit.

Comment la France peut-elle et doit-elle se procurer les chevaux qui lui manquent?

C'est ici seulement que commence la partie vraiment vitale de mon travail. Je l'examinerai avec tout le soin que comporte un sujet aussi grave et aussi sérieux.

L'élevage du cheval d'attelage léger, et j'entends par là la production, l'éducation de l'animal, et, par avance, son appropriation aux différens services, l'élevage, dis-je, comprend deux ordres de moyens qui tendent au même but.

Les uns, d'une action immédiate sur les animaux, et conséquemment d'une importance capitale, doivent être placés en première ligne : je les appelle *moyens directs*.

Les autres, d'une influence cependant considérable, mais moins prochaine que les premiers, ne doivent être mis qu'au second plan; je les appellerai *moyens indirects*.

Examinons-les rapidement en n'appelant l'attention que sur ce qui, à notre point de vue, peut offrir quelque intérêt.

§ Ier. — Moyens directs.

Ils comprennent : 1° *la production*; 2° *l'élevage* dans son sens restreint; 3° *l'éducation* des animaux.

Production.— Je n'ai point l'intention de faire un traité sur la matière, ce n'est pas ici le lieu. Je me bornerai à quelques réflexions.

La production du cheval peut se faire en associant entre elles des races semblables ou par le croisement. Ces deux modes sont suivis en France. Judicieusement mis en pratique, ils ont des avantages incontestables sur lesquels l'opinion est bien fixée; je n'ai point à m'en occuper.

Mais l'alliance directe ou le croisement ne permettent d'espérer de bons résultats qu'autant que l'association a lieu entre de bons producteurs : tel père ou telle mère, tel fils. Or, malheureusement pour le cheval d'attelage léger, nous sommes pauvres de mères; il faudrait donc avoir promptement recours à des poulinières de toutes provenances, dont la conformation et l'appropriation aux produits qu'on demanderait d'elles fussent aussi irréprochables que possible. A cet égard, je ne puis m'empêcher de dire que je regrette la décision d'une de nos Chambres législatives, touchant les poulinières du Haras du Pin : la suppression de mères productrices, quand précisément nous sommes plus que nécessiteux à cet égard, est une mesure déplorable. Espérons que le Gouvernement tiendra compte du vœu du Congrès central d'Agriculture de cette année : ce Congrès, mieux et plus sagement inspiré que la Chambre des Députés, a demandé que ce qui avait été défait fût refait, c'est-à-dire, qu'on rétablît au Haras du Pin la pépinière de jumens dont on venait de demander la suppression.

Je ne puis qu'applaudir au vœu du Congrès, car il est l'expression de tendances sages, éclairées, qu'on ne saurait trop favoriser dans leur développement. A mon sens, il est indispensable d'augmenter sans retard le nombre de nos poulinières d'attelage léger; il me paraît impossible sans cela de porter un prompt remède au mal dont on se plaint, à la pénurie qu'on déplore. Le mâle n'est pas tout dans la production du cheval. La mère fournit son contingent dans l'œuvre de la création; elle est comme une sorte de moule vivant qui façonne le germe à son image. Ne craignons donc pas d'être jamais trop riches en ju-mens. Nous en avons, me direz-vous, vingt, trente, cent mille même; soit, je ne le conteste pas; ce chiffre est même très-au-dessous du nombre exact, si l'on veut; mais ce sont des *jumens*, et je parle de *pouli-nières*; or, de celles-ci, dont nous n'aurions pas à rougir, combien en avons-nous ?

Puisque nous manquons de mères, commençons d'abord par nous en procurer.

Supposons que nous n'ayons plus rien à désirer

quant aux producteurs, reste à faire connaître les localités qui conviennent le mieux à la production.

On ne s'attend pas, sans doute, à une longue dissertation à ce sujet ; encore une fois, je ne fais pas un livre ; je ne parle que de ce que je connais moi-même ; je viens raconter le résultat d'expériences personnelles, de faits pratiques qui me sont propres, que je voudrais dogmatiser, qu'on me pardonne cette prétention, en les formulant d'une manière très-simple.

Élevage et Éducation. — Les chevaux d'attelage léger, et nécessairement les chevaux de cavalerie, ne doivent pas s'élever autrement que les chevaux de trait : il faut les habituer de bonne heure au travail. Seulement, qu'on n'aille pas exagérer ma pensée et lui donner une portée qu'elle ne saurait avoir ; quand je dis qu'il faut les habituer au travail, j'entends par là qu'on aura toujours égard au genre de service auquel leur conformation les destine, et, par conséquent, qu'on n'ira pas atteler aux limons d'une grosse charrette ce tout jeune animal que vous pouvez très-bien utiliser à des occupations plus douces de la ferme.

Voyons comment, en général, on élève le cheval de gros trait dans les différens points de la France.

L'animal, avant qu'il ait atteint sa majorité, pour ainsi dire, passe dans trois mains successives, fait l'objet de trois industries ; ainsi il *naît* et tette sa mère chez un premier maître ; il passe chez un second, à sept ou huit mois, qui l'*élève*; enfin, un troisième l'*achète* dans des vues bien différentes : pour parfaire le développement du jeune animal, compléter son éducation ; enfin, le conserver, s'il y lieu, ou, le plus souvent, le revendre au commerce avec bénéfice.

La Bretagne nous fournit un exemple de ce mode complexe d'élevage, de ces trois sortes d'industries : ici le fermier fait *naître;* là, il *élève* de jeunes chevaux qu'il achète à moins d'un an ; puis, enfin, le Perche, le département d'Eure-et-Loir viennent enlever ces mêmes animaux, soit pour les garder, soit pour les revendre avec bénéfice pour les nombreux services de poste, de diligence et de roulage.

Il en est de même de nos belles races boulonnaises, qui naissent au milieu de gras pâturages, passent dans le pays de Caux où on les façonne au travail qui les développe sous le puissant auxiliaire d'une bonne nourriture ; puis, enfin, le commerce enlève ces belles races pour les livrer aux différens services qui les réclament.

Le Poitou a quelque analogie avec le Boulonnais et la Bretagne : il fait *naître*, souvent *élève* et *vend*. Les poulains les plus communs sont achetés par le Berry, où ils sont destinés au travail ; les plus distingués, par la Normandie, où leur développement s'achève.

Il n'est pas rare qu'une même localité réunisse ces trois industries. Tel cultivateur se borne à faire naître; tel autre élève; enfin, un troisième achète pour son service ou dans une vue de spéculation. Chacun se livre dans l'élevage à ce qui convient le mieux à son exploitation, à la richesse du sol, aux débouchés du pays.

Remarquons bien que tout le monde y trouve son compte : le premier maître gagne en vendant, au bout de cinq à six mois, un animal qui ne lui a pour ainsi dire rien coûté ; le second, celui qui élève, fait une spéculation avantageuse; ses connaissances hippiques, en tant qu'il s'agit d'élevage, se transforment promptement en un bénéfice, sinon toujours considérable, du moins toujours clair, toujours certain. Enfin, le troisième maître n'est pas le plus à plaindre, car il retire du jeune cheval du travail d'abord, et ensuite une plus-value sur le prix d'achat, quand, bien entendu, il a su acheter et s'il a eu assez de bonheur pour que le cheval ait *bien réussi*.

Voilà, en général, comment on élève le cheval de gros trait en France.

Mais combien est différent l'élevage du cheval léger ! Vous n'avez plus cette triple industrie intelligente qui, tout en travaillant pour elle, améliore, perfectionne la chose qu'elle fait naître, élève et achète. Les produits qu'elle en tire diminuent d'autant le prix de revient, et rien n'est plus facile alors que de trouver à placer avec bénéfice une bonne chose qui a peu coûté.

Le cheval léger ne change pas de maître : c'est le même qui le fabrique, l'élève et le garde jusqu'à quatre ou cinq ans. Qu'en résulte-t-il? Que cet animal coûte beaucoup et ne rapporte rien. On n'ose pas le faire travailler ; il se tare, se vicie, en attendant qu'il trouve un acheteur.

Comment voulez-vous, dès lors, que les éleveurs n'abandonnent pas une industrie aussi ruineuse?

A chaque localité, ce que veut son sol, à chacune selon ses ressources, ses débouchés, ses habitudes d'exploitation. L'élevage du cheval n'est qu'un rouage de l'agriculture ; c'est un moyen et non un but. Il faut donc approprier et subordonner cette industrie à la localité. Et comme elle se compose d'élémens divers et variés, il faut que chaque fraction de cette grande et complexe industrie soit confiée à la contrée à laquelle elle s'adapte le mieux. Il faut faire le cheval comme on fabrique une épingle. Ici, chaque ouvrier a des attributions différentes : l'un prépare la matière ; l'autre est chargé de la pointe ; un troisième de la tête ; etc. Imitons cette division intelligente du travail, fabriquons le cheval comme il doit l'être ; c'est-à-dire le plus parfait et le moins cher possible ; et pour cela faisons comme pour le cheval de trait, fabriqué à l'instar de nos épingles. Dans la confection de cet animal, chaque localité.

2

pour répéter la maxime que je viens d'exprimer tout-
à-l'heure, intervient dans la proportion et la mesure
de ses moyens, de son aptitude, de ses ressources et
de ses intérêts.

On peut me faire quelques objections assez sé-
rieuses, je ne le dissimule pas. Ainsi on peut nier
que certaines contrées soient très-propres à la production du cheval d'attelage léger; que dès lors on
ne saurait leur demander ce qu'elles n'ont pas et chan-
ger leurs habitudes agricoles, leur vieille industrie
en une autre peu séduisante en raison de ses diffi-
cultés, des chances qu'elle fait courir à ceux qui s'y
livrent et des bénéfices incertains qu'elle procure.

Sans doute, répondrai-je, on ne peut demander à
telle ou telle localité ce qu'elle n'a pas. Alors il faut
bien y créer, en les y important, les produits géné-
rateurs qui lui manquent. Mais y aura-t-il avantage
pour le pays? Oui, si le prix du sol n'est pas très-
élevé; oui, si, comme personne n'en doute, l'agriculture a fait quelques pas depuis Ollivier de Serre; oui,
si la production du cheval est intelligemment dirigée.

Aussi bien, il faut qu'on se pénètre de cette vérité : que, pour implanter une industrie là où elle
n'existe pas, il ne faut qu'une chose, lui tendre la
main, l'encourager. Récompensez les essais tentés
par des hommes sérieux, et certainement vous parviendrez à naturaliser où vous voudrez la nouvelle
industrie que vous aurez implantée.

Je vous entends, vous qui voudriez qu'on ne fit des chevaux que chez vous. Vous me répondrez que de tels essais ont déjà été tentés, mais infructueusement, et que d'y revenir une seconde fois s'est se préparer de nouveaux mécomptes.

Je suis de votre avis quant à l'insuccès des tentatives, mais j'en diffère quant à la conséquence que vous en tirez. On n'a point réussi ; cela est vrai ; mais pourquoi n'a-t-on pas réussi ? Voilà ce que vous ne dites pas et ce qu'il faut bien que je dise à votre place.

A-t-on choisi de bonnes poulinières ? les a-t-on prises jeunes ? a-t-on eu le soin de les bien adapter à la localité ? s'est-on étudié en les transplantant ici ou là, de les placer dans des conditions aussi identiques que possible à celles qui ont présidé à leurs premiers temps d'existence ? leur a-t-on donné des mâles qui eussent avec elles une affinité, une relation intime d'organisation ? a-t-on persévéré ? a-t-on encouragé, soutenu l'industrie naissante ? l'a-t-on protégée contre l'envie de ceux-ci et la jalousie de ceux-là ? Si on a fait précisément tout le contraire, que venez-vous donc dire contre des essais qu'on a tués avant qu'ils fussent au monde !

Soyons sincères et avouons franchement que, pour obtenir de bons résultats, il faut se donner la peine de les vouloir ; il faut, outre de la bonne volonté, des connaissances spéciales, de la persévérance surtout.

Je n'insisterai pas davantage. Je reviens, sans transition aucune, au système d'élevage que je voudrais voir appliquer au cheval léger.

Le Limousin, terre classique de l'élevage du cheval léger, est bien tombé de son ancienne splendeur. La mule a remplacé les beaux chevaux qu'on voyait autrefois. Les Limousins, qui aiment le cheval avec passion, qui, comme l'Arabe, le regardent comme faisant partie de la famille, ont bien été forcés d'abandonner leur chère et vieille industrie : elle les conduisait à leur ruine. Plus tard, l'anglomanie vint donner le coup de grâce à la production limousine. Qu'a-t-il été fait pour raviver cette production, ce commerce autrefois si actif, pour ramener en ces contrées l'industrie la plus capable d'y prospérer ? Tout le monde le sait : La *Société d'Encouragement de Pompadour*, animée des plus nobles et des plus patriotiques intentions, s'est mise à la tête du mouvement qui avait été tenté [1] ; elle a favorisé par une

---

[1] Qu'on me permette de rappeler ici en quelques lignes la tentative de transplantation que je fis en 1840, tentative, comme je viens de le dire, qui a été poursuivie depuis avec succès par la Société d'Encouragement de Pompadour. Les résultats que j'obtins sont consignés dans une brochure que je publiai alors, et qui est intitulée : *Résultats avantageux obtenus en élevant, dans les départemens des Deux-Sèvres, de la Vendée et de la Charente-Inférieure, des poulains nés dans les départemens de la Haute-Vienne, de la*

coopération généreuse et active, autant la création, la fabrication du cheval léger que son débit et son placement à un âge où son entretien commence à devenir coûteux pour le producteur. Ces moyens simples, cet encouragement, cette haute protection d'hommes aussi éminens, aussi éclairés que ceux qui composent la *Société d'Encouragement de Pompadour* a ravivé la production chevaline, dans un pays qui ne demande plus que quelques efforts, sur une plus grande échelle, pour voir renaître ses beaux jours, au grand avantage de la localité elle-même et du pays tout entier.

La production du cheval léger pourra donc toujours prospérer, si elle se règle sur celle du cheval de trait ; et on peut être certain que le débit du produit sera toujours assuré, si les acheteurs y trouvent

Creuse et de la Corrèze. Mon projet de transplantation des poulains limousins me suscita quelques adversaires, dont le plus acharné, si non le plus compétent, fut M. Alix Sauzeau, qui trouva beaucoup plus commode de nier des faits que d'opposer de bonnes raisons à l'encontre de mes idées. Dans la discussion qui s'éleva à ce moment, toute la presse spéciale fut avec moi, je le constate avec bonheur : le *Journal des Haras,* le *Bulletin hippologique de la Société d'Encouragement de Pompadour,* l'*Argus des Haras,* la *Clinique Vétérinaire,* etc., etc., me prêtèrent leur concours contre des attaques qui furent beaucoup trop passionnées pour n'avoir eu d'autre mobile que l'intérêt de la vérité.

la *quantité* qui permet le *choix* et la qualité qui assure le *placement*.

Malheureusement le cheval léger, ainsi qu'on l'élève, coûte beaucoup. Je pose comme axiome qu'on ne peut faire de beaux et bons chevaux, de fatigue et de durée, qu'en les habituant de bonne heure au travail. J'ai besoin de développer cette pensée que je regarde comme de la plus haute importance.

Dans l'élevage du cheval, le travail n'est pas seulement un auxiliaire utile; c'est plus et mieux que cela, c'est une nécessité.

Il est une vérité resassée et rebattue qui trouve ici son application: c'est que dans le jeune âge, le cheval, comme toute organisation *intelligente*, se pétrit comme de la cire molle; il se façonne au moral comme il se développe au physique. Un exercice régulier en rapport avec ses aptitudes, et toujours subordonné au genre de service que promet sa conformation, augmente rapidement la force d'action musculaire. Les muscles, ces agens actifs qui le transportent au loin avec une rapidité quelquefois prodigieuse, se condénsent, s'affermissent, et gagnent en résistance ce qu'ils perdent en rondeur de forme, en empâtement celluleux. Toute la poitrine se dilate; les poumons s'imprègnent d'une grande quantité d'air, et le sang, plus riche, donne plus d'activité à tout l'organisme.

Ce ne sont pas là des données purement spéculatives, ce sont des faits qu'on ne peut contester; car, si la théorie, la science pure les conçoit parfaitement, en donne les raisons qui les expliquent et la formule qui en précise les lois physiologiques, l'expérience et l'observation viennent à tout moment nous en démontrer la réalisation.

Voyez dans l'homme, le bras du gaucher, du manchot; la jambe unique du boiteux, etc. Quel prodigieux développement musculaire! Comparez encore la main délicate, efféminée, héréditaire du riche de longue date, et cette grosse main charnue, épatée, élargie, ossue, veinulée de l'homme habitué dès l'enfance aux durs travaux manuels.

Puis, pour sortir de l'homme et prendre des exemples dans les animaux, voyez dans le Poitou les mules qui travaillent! comme l'habitude de l'exercice vient s'accuser à l'œil sur ces membres dont les formes en saillie leur donnent ainsi un aspect de force que n'ont pas, que n'ont jamais les membres des mules pour lesquelles le travail n'est qu'une exception.

Ainsi, comme premier point incontesté: c'est que dans les jeunes animaux, le travail donne de la vigueur, de la solidité, de l'énergie. Les puissances actives, comme celles de résistance, prennent plus d'ampleur, de développement; l'élément dynamique en un mot, établit de plus en plus sa prépondérance.

Là n'est pas le seul avantage du travail. S'il développe et fortifie l'animal considéré comme machine vivante, il perfectionne également ce que dans l'homme on appelle le moral. C'est encore là un fait pratique que personne n'ignore. Rien n'est plus vrai que cet axiome : l'oisiveté est la mère de tous les vices. Elle engendre, dans les animaux comme dans l'homme, une foule de défauts, qui certes fussent morts étouffés sous les habitudes d'un travail bien dirigé. Chaque organisation ayant une somme d'activité à dépenser, il en reste d'autant moins aux mauvais instincts que les bonnes habitudes en consomment davantage; et du reste, encore, l'animal est d'autant plus parfait que son appropriation à nos besoins est plus complète, et cette appropriation ne peut s'acquérir que par le travail.

Non seulement le travail développe les forces et perfectionne le moral d'une manière indirecte, mais il évite encore bon nombre d'accidens et prévient même plus d'une maladie.

Les jeunes chevaux continuellement inactifs ou inoccupés et élevés dans la mollesse, s'abandonnent très-volontiers à des mouvemens désordonnés, violens, ils sautent, ils courent, ruent, gambadent. Qu'arrive t-il et qu'en résulte-t-il? Il n'est pas difficile de le prévoir, des écarts, des coups de pieds, des prises de longe, etc., auxquels sont rarement exposés des animaux qui travaillent.

Il ne faut pas croire que c'est là tout ce qu'engendre l'oisiveté. L'inaction, le séjour dans l'écurie, cette sorte d'existence où le jeune animal ne paraît vivre qu'au dedans de lui-même, deviennent le germe d'inconvéniens bien autrement graves. Cette organisation qui s'étiole et s'empâte, est incapable de supporter la moindre fatigue et de résister à ces maladies d'un cachet spécifique qui attendent les jeunes animaux à l'époque où ils passeront de la vie de poulain à la vie de cheval.

Donc, quant à ce qui concerne les maladies, bien certainement le travail modéré dans le jeune âge en prévient un bon nombre. Ce n'est pas précisément pendant le temps que l'animal est aux mains de l'éleveur que surviennent les maladies que le travail évite; c'est plus tard, quand il passe brusquement, sans la moindre transition d'un mode vicieux d'élevage, que nous réprouvons, à une vie toute nouvelle. Alors, il arrive que l'embonpoint factice et qui dissimule parfois plus qu'un vice de forme, fond au travail; la fibre molasse cède; elle est sans tonicité comme sans réaction, aussi toute l'économie est promptement abattue par l'une ou par l'autre de ces maladies dont la forme apparente varie, mais qui n'en signale pas moins un vice profond de tout l'organisme.

Que si vous changez seulement le régime du jeune animal, sans demander à ce jeune être beaucoup plus de labeur; s'il va de chez l'éleveur dans un dépôt de remontes, par exemple, eh bien! le seul chan-

gement de localité et de régime, le séjour à l'écurie,
suffiront pour provoquer des gourmes, des jetages de
mauvaise nature et intarissables, des affections avec
tendance à la suppuration, des maladies dont les ca-
ractères spécifiques se manifestent surtout par une
altération quelconque des liquides.

Et, que si l'esprit n'acceptait qu'avec réserve l'é-
tiologie qui précède et qui n'est point la mienne,
mais celle de l'expérience, je répondrais : à côté de
ces chevaux qui ont passé leur jeune âge dans la plus
complète oisiveté, placez en parallèle ceux qui se
sont développés au milieu d'un travail continuel, mais
modéré ; voyez, par exemple, les chevaux importés
du Poitou dans le Berry, remarquez comme ils s'ac-
climatent facilement et sans indisposition aucune ;
puis prononcez ensuite si le travail *intelligent* n'est
pas le meilleur et le plus efficace préservatif.

Ce n'est pas tout encore. Comme rien n'est plus
difficile et parfois même plus dangereux que d'em-
ployer, dans les villes, soit à la calèche, soit au ca-
briolet, un jeune cheval qui n'a jamais rien fait, on
comprend l'éloignement du consommateur pour un
pareil animal, et conséquemment la difficulté de son
placement ; tandis que le cheval habitué au travail
comme le cheval allemand, par exemple, est recher-
ché avec empressement par la plupart des acheteurs.

Je crois maintenant pouvoir dire en résumé,
que le travail a, ainsi que j'ai tâché d'en donner la

démonstration, le quintuple avantage: 1° de développer les forces du jeune animal; 2° d'en perfec-
tionner le moral d'une manière indirecte; 3° de lui
éviter bien des accidens ; 4° de prévenir, pour le
présent, et surtout pour l'avenir, plus d'une maladie
grave, communément le partage des animaux élevés
dans l'oisiveté; 5° et, enfin, de le préparer au travail de manière à ce qu'il offre une sécurité complète à l'acheteur.

§ II. Moyens indirects.

Trois mots seuls les résument : *aider, encourager*
et *protéger* l'industrie chevaline. Ceci est du ressort
du Gouvernement, c'est-à-dire et en première ligne de
l'Administration des Haras qui doit être l'âme de cette
industrie dont les cent bras sont répartis sur toute la
France. Elle est aussi du ressort de l'Administration
de la Guerre, mais dans des limites fort restreintes et
seulement, en ce qu'étant un des plus grands consom-
mateurs de chevaux, elle doit être intéressée à intervenir d'une façon ou d'une autre dans la fabrication
du produit dont elle a le plus incessant et le plus
grand besoin.

L'Administration des Haras doit jouer un rôle
immense dans l'industrie chevaline; je viens de dire
qu'elle devait en être l'âme. Loin donc de l'entraver,
de lutter sans cesse en sens contraire et au détriment

de tous, prêtons-lui notre concours; éclairons-la, nous, hommes pratiques, si nous croyons qu'elle fasse fausse route. Travaillons tous dans des vues élevées et pour l'intérêt général.

La vieille Administration, car je la distingue de la nouvelle qui date d'hier à peine, a cru tout faire en créant des places et en s'adjoignant des hommes d'un mérite souvent contestable; sortes de génies à l'enchère qui semblent avoir reçu pour mission de vilipender l'Administration de la Guerre, parce qu'elle ose, la grande coupable! demander de bons chevaux. La vieille Administration a pensé que le bien allait venir tout seul en accueillant ces hommes dont le concours ne pouvait que lui être funeste.

L'Administration des Haras doit *aider*, venir au au secours de l'industrie chevaline en prenant l'initiative dans les moyens d'amélioration que cette industrie réclame, là où les particuliers eux-mêmes ne peuvent ou n'osent y avoir recours; voilà toute sa mission.

Dans ce cas, l'Administration doit se faire producteur jusqu'à ce que l'industrie privée puisse la suppléer. Tout le monde est d'accord sur ce point.

Mais si l'opinion est unanime quant au principe, il n'en est pas de même quant à l'application. Les uns pensent que les haras doivent se borner à fournir les mâles reproducteurs; les autres, et je suis de ce nombre, prétendent que là où il n'y a pas de bonnes poulinières, les haras ne comprendraient par leur mission, s'ils n'implantaient point dans la localité, l'élément de fabrication qui lui manque, c'est-à-dire de bonnes mères judicieusement appropriées au sol.

Fournir à la localité des types reproducteurs, mâles et femelles ; multiplier ces types par des primes d'encouragemens, tel doit être, au point de vue de la production, le rôle de l'Administration des Haras.

Voyons maintenant comment cette Administration doit *encourager* et *protéger* l'industrie privée dans la fabrication du cheval.

Elle atteindra ce but, soit en récompensant les résultats obtenus par des primes ou par des prix, soit en stimulant, en réveillant chez nous l'amour du cheval par un excitant qui n'est pas irréprochable, tant sans faut (je veux parler des courses) ; soit enfin en favorisant les achats dans les pays de fabrication des jeunes produits qui y naissent pour les transporter dans les localités où l'élevage y serait plus avantageux et pour le jeune animal luimême et pour l'agriculteur.

Nous allons examiner successivement ces trois moyens d'encouragement.

RÉCOMPENSES.— Les primes sont en général d'excellens moyens d'encouragement. Aussi voudrais-je, comme je le réclamais il y a déjà sept années, et comme l'a si bien compris et mis en pratique la Société d'Encouragement de Pompadour, qu'on pri-

mât tous ceux qui contribueraient à l'importation des
jeunes chevaux d'un pays qui fait bien naître dans
un pays qui élève avec succès. Ces primes devraient
être en rapport avec les services rendus ; elles ne devraient être accordées qu'aux personnes qui achete-
raient dix poulains au moins. Ce système de primes
serait également applicable à l'introduction des jeunes
poulinières dans les pays d'élève.

Les prix supposent des concours, et pour le cheval,
le seul concours que nous ayions jusqu'ici, ce sont les
courses.

COURSES. — Elles ne manquent point d'admira-
teurs, mais aussi les détracteurs ne leur font pas défaut. Là même où elles ont pris leur origine, elles
sont tombées dans un grand discrédit. Voyons donc
à juger les courses, non en amateur, mais en praticien qui ne juge les moyens que par les résultats
obtenus.

Pour moi, qui suis peu partisan des courses, je ne
comprends pas qu'on préfère les concours de vîtesse
aux concours de forme, d'adresse, de force, d'intel-
ligence. Si vous tenez tant au spectacle des courses,
ne les proscrivez pas, soit ; ne vous ôtez pas tout
plaisir. Mais donnez-nous, à nous qui n'avons pas
besoin de tels amusemens, des spectacles utiles, des
concours où nous ne récompenserons pas des animaux decousus, ficelles, découpés en forme de daim,
mais de beaux et bons animaux, doux, obéissans ;

comprenant le geste et la parole ; magnifiques de
pose et d'allures et par-dessus tout d'une bonne con-
stitution. Jusqu'à ce jour, vous avez tout mesuré à la
même aune, la vîtesse. Entrez donc dans une autre
voie, sans exclure vos vieilles habitudes, si vous y
tenez essentiellement, et nous vous promettons d'autres résultats que ceux que vous avez obtenus jusqu'ici.

Comme effets musculaires, il y a dans chaque animal une suprématie d'aptitude, en quelque sorte.
Celui-ci pose heureusement ; celui-là trotte avec
grâce ; tel autre est aussi rapide que disgrâcieux dans
ses allures ; les uns ne savent marcher qu'en avant ;
les autres rétrogradent presque aussi facilement
qu'ils progressent ; et, notons le bien, l'ampleur
de la poitrine, la solidité de l'organisation ne sont
pas toujours inhérentes à ces diverses aptitudes. La
grande vîtesse en ligne droite peut, comme tout ce
qui tient à l'action musculaire, résulter de disposi-
tions individuelles et intraduisibles ; elle peut résulter aussi d'un certain type architectural favorisant
quelques léviers dans la rapidité de leurs mouvemens, etc., sans impliquer nécessairement la beauté
de la forme, la vigueur de l'organisation, la per-
fection du mécanisme. De ce que la quantité de
mouvemens dont une machine est susceptible est
appliquée à fendre l'air comme un trait, il ne s'en-
suit pas que les ressorts qui la meuvent soient

plus solidement trempés, plus tenaces, plus élas-
tiques, plus résistans que ceux de cette autre puis-
sante machine qui n'a que la vîtesse de l'escargot,
mais qui met en mouvement et traîne quelque chose
comme une maison et qui pèse trois ou quatre fois
autant que le moteur.

Pourquoi le cheval serait-il un contre-sens jurant
avec tout ce qui existe? Donnez-vous la peine de
regarder les différentes espèces d'animaux qui ne
vivent que de combats et de luttes ; et, dans une
même espèce, remarquez celui qui s'en distingue par
la domination qu'il exerce sur ses semblables ! Voyez
encore parmi nous, qui nous disons les rois de la
création, celui qui est notre roi, à nous, par la force,
et dites-moi si toutes ces puissances organisées res-
semblent à vos chevaux fabriqués pour un simulacre
de lutte, où souvent le vainqueur heureux ne dépasse
son rival que du bout du nez, attendu qu'il a l'en-
colure ou la tête un peu plus longue ou bien qu'il
la porte un peu plus au vent. Soutenez donc que le
lièvre et le cerf, affreuses et laides charpentes si vous
les couvriez d'une peau de cheval, sont la plus par-
faite personnification de la forme ; que tout ce qui
est rapide est fort et beau ! Dès lors, en suivant votre
logique rigoureuse, les chevaux ne s'acheteront plus
qu'au mètre ou à la toise ; on aura des compteurs
pour les épreuves d'achat ; les prix varieront selon
l'âge, la spécialité de service, la taille, etc.: tant

l'animal parcourra de mètres à la seconde, tant il vaudra. ,

Le vîtesse en ligne droite et pour un temps très-court est une expression de l'énergie sans aucun doute ; mais *accuser* une certaine vigueur *momentanée*, ce n'est pas en donner la *mesure*, la constance, la solidité et la durée. Cette vîtesse peut, comme nous l'avons déjà dit, résulter tout autant d'une disposition, d'une conformation donnée, que de l'organisation tout entière elle-même. Tel homme frêle, maigre et d'une complexion qui parle peu en sa faveur, peut courir beaucoup plus vîte qu'un homme d'une organisation herculéenne, cela s'est vu et se voit tous les jours. Vainement soutiendrez-vous que le cheval rapide a nécessairement une bonne poitrine, une *belle* et bonne conformation, tout viendra combattre cette assertion trop absolue. Vous aurez contre elle de nombreux faits de course ; des exemples pris chez l'homme ; et quant à la conformation, la forme architecturale des ruminans les plus rapides, comme les gazelles, les diverses espèces de cerfs, le renne, le chameau, etc., qui, fort beaux comme cerfs ou gazelles, ne seraient à coup sûr que de fort vilains chevaux.

Les courses, pour en finir avec elles, ne sont ni de bons moyens d'émulation ni de sages et utiles encouragemens. Telles qu'elles se font en France aujourd'hui, c'est un spectacle qui n'enrichit pas plus

la scène que le parterre. Loin de là , plus d'un ac-
teur s'y ruine sans profit pour la France.

Achat et placement des jeunes animaux. —
Comme pour l'industrie ovine et bovine, ce mode
d'encouragement a d'incontestables avantages ; d'a-
bord il répand et disperse les bons types reproducteurs ; en outre, il concourt efficacement à donner à
l'élevage du cheval la direction que nous avons dit
être la meilleure.

Quand on a doté les pays de fabrication de bons
types mâles et de bonnes poulinières, on n'a fait
qu'un bien incomplet ; les tentatives d'améliorations
sont inachevées. Il faut à tout prix débarrasser ces
pays des produits qu'ils ne peuvent garder plus long-
temps sans une perte réelle et qui augmente chaque
jour. C'est précisément parce que le Limousin ne
trouve pas un prompt débouché à ses jeunes chevaux
d'attelage léger, qu'il préfère l'industrie muletière. Il
est sûr, au moins, du placement des animaux qu'il
fabrique.

Une plus longue insistance serait superflue ; le
dernier des économistes sait fort bien qu'il n'est de
fabrication possible qu'à la condition que les produits fabriqués trouveront un placement certain, un
débit rapide et de tous les instans.

Nous venons de voir, très-rapidement, comment
l'Administration des Haras peut aider, secourir, encourager l'industrie chevaline ; nous avons dit un

mot sur chacun des trois grands moyens dont elle peut disposer pour atteindre ce but; nous avons exprimé ce que nous pensions des primes, des courses et du placement des jeunes animaux achetés aux pays de production ; il ne nous reste plus qu'à examiner comment l'Administration de la Guerre doit joindre ses efforts à ceux des haras dans la fabrication du produit dont elle fait une si grande consommation.

L'Administration de la Guerre doit-elle intervenir *directement* dans la production du cheval, ou doit-elle se borner seulement à favoriser l'industrie qui la concerne ? A moins d'être inconséquent d'un bout à l'autre, je ne puis admettre que la Guerre se fasse producteur ; ce serait un déplacement d'industrie, au détriment de l'agriculture, sans profit pour la Guerre elle-même. Selon moi, elle doit encourager, sans aucun doute; mais produire, jamais.

Voyons donc jusqu'à quel point la Guerre peut favoriser l'industrie chevaline.

On a fait valoir contre notre pénurie de chevaux légers bien de mauvaises raisons; et ceux-là même qui nient notre manque de chevaux, crient aussi le plus fort qu'on ne doit attribuer notre pauvreté, notre disette, qu'à l'Administration de la Guerre et au mauvais mode de nos transactions internationales.

Je ne puis me dispenser de dire quelques mots su tous ces points; et comme l'ordre abrège tout, je commencerai par en mettre dans l'exposition sommaire des idées qui méritent discussion.

On a dit : La pénurie de chevaux légers cessera du jour où l'entrée des chevaux étrangers sera prohibée ; si la Guerre porte le prix de ses chevaux à un taux élevé, alors, en peu de temps la France se couvrira de chevaux d'attelage, de chevaux de luxe, de tous ceux en un mot que nous demandons aujourd'hui à l'Allemagne et à l'Angleterre. Ainsi 1° *prohiber* les provenances étrangères ; 2° *élever* le prix des chevaux, voilà ce qui doit transformer le vil métal en or pur, ou, pour parler sans figure, la disette en abondance.

PROHIBITION DES CHEVAUX ÉTRANGERS. — Comme les chevaux ne se fabriquent pas en un jour, vous auriez beau prohiber, vous auriez contre vous la nécessité qui n'a pas d'oreilles, et les contrebandiers qui n'en manqueront pas pour le son de nos écus. C'est très-facile à dire : prohibez, prohibez ; mais à exécuter, c'est autre chose.

On comprend qu'il m'est impossible de parler de la mesure en elle-même ; elle déciderait un principe d'économie politique de la plus haute portée ; et aujourd'hui, plus que jamais, les esprits sont tournés vers ces graves questions du libre-échange et de la prohibition. Je laisse donc à d'autres le soin de résoudre lequel des deux doit l'emporter sur l'autre : de la prohibition ou du libre-échange.

Élévation du prix des chevaux par l'administration de la guerre. — Ceci n'est rien moins qu'une absurdité anti-nationale; ce serait tout simplement décréter une prime pour les chevaux étrangers; car, je le répète, à moins d'établir un cordon de troupes qui ceignît la frontière; à moins qu'il ne soit écrit sur la peau du cheval: je suis anglais, hanovrien ou russe, vous ne nous empêcherez pas, à nous qui sommes nécessiteux, de demander à ceux qui ont au-delà de leurs besoins; et, d'un autre côté, vous ne parviendrez pas non plus à fermer hermétiquement nos frontières à l'avidité des spéculateurs, d'autant plus excitée que la fraude, en cas de prohibition, promet des gains plus considérables.

Remontes. — Je me bornerai à émettre une simple réflexion à l'occasion du mode d'achat des chevaux par l'Administration de la Guerre.

J'ai dit que l'élevage du cheval n'était bien entendu, qu'autant qu'il était confié à trois mains successives, qui, toutes trois, apportent leur contingent et recueillent les bénéfices. J'ai discuté les raisons qui prouvaient, sans réplique, que ce mode d'élevage était le meilleur. Je suis donc fondé à croire que dès qu'il y aura un système d'élevage bien établi, l'Administration de la Guerre s'empressera d'encourager par ses achats le mode de production dont j'ai fait l'éloge. C'est pour cela que je voudrais que l'Administration des Remontes n'achetât que des chevaux

habitués de bonne heure au travail, qui tout en don-
nant à l'industrie plus de bénéfice, coûteraient cependant moins cher en raison des produits qu'on en
aurait tiré.

Si donc, la Guerre achetait ses chevaux comme je
le demande, tout le monde s'en trouverait bien, et
l'Administration des Remontes la première, qui se re-
cruterait à meilleur compte et n'enverrait plus dans
les corps ces chevaux replets et d'un enbompoint
factice ; ces chevaux encore enfans, qui n'eussent
point succombé à la tâche si l'habitude du travail
avait préparé leur organisation à la fatigue, à la résistance, avant leur introduction à une vie toute
nouvelle, à la vie, plus difficile qu'on ne pense, du
cheval de troupe.

Revenons sur nos pas, et disons, en dernière fin,
que la prohibition des chevaux étrangers est impossible parce qu'elle est inexécutable; que l'élévation du prix des chevaux de troupe au-delà des
bornes raisonnables est une absurdité anti-française;
et que, sans blâmer ni approuver le système des remontes, l'achat des chevaux aux mains des véritables
éleveurs qui habituent les jeunes animaux au travail, est le seul mode de recrutement que la Guerre
puisse mettre en pratique dans l'intérêt de tous; de
ceux qui produisent comme de ceux qui élèvent ou
qui consomment.

Somme toute, l'Administration de la Guerre ne fa-

vorisera jamais plus l'industrie chevaline, qu'en af-
franchissant le commerce, comme je viens de le dire,
par un mode d'achat différent de celui qui existe aujourd'hui.

CONCLUSIONS.

1° L'élevage du cheval d'attelage léger doit se faire
comme celui du cheval de gros trait;

2° Dans certaines localités, telles que le *Limousin,
l'Auvergne, les Hautes-Pyrénées, etc.*, la production du cheval a d'incontestables avantages, si vers
l'âge d'un an environ, on transporte les jeunes animaux dans des pays de riche culture et de gras pâturages [1].

3° Le travail est la condition de rigueur dans tout
élevage bien entendu : s'il développe et fortifie l'organisation, il prévient bon nombre d'accidens et de
maladies; il étouffe plus d'un défaut de caractère ;

4° Sans bonnes poulinières, pas de bons élèves.
Achetons-en donc de toutes provenances, que nous
adapterons au sol, à la localité, à la *climature,* aussi
intelligemment que possible ;

5° La fabrication du cheval, dans certaines contrées du midi; puis l'émigration des jeunes animaux

1 Consulter à cet égard la brochure déjà citée : *Résultats
avantageux obtenus,* etc.

dans des pâturages abondans, à l'âge d'un an à dix-huit mois, promettent des succès assurés. Les résultats acquis, laissent assez entrevoir ceux qu'on pourrait obtenir.